PÊCHE DU CORAIL & DES ÉPONGES

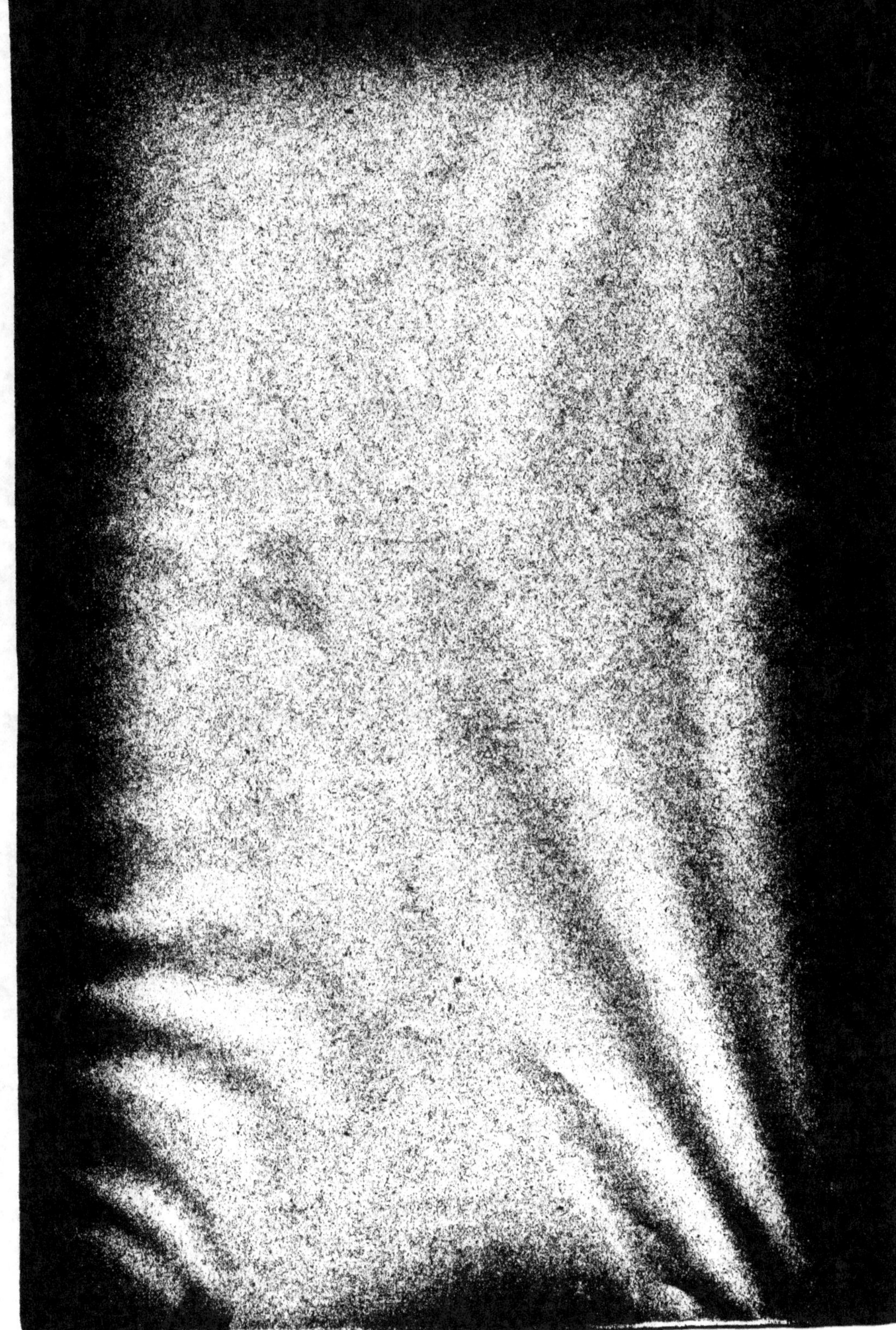

TUNIS — 1924

Vᵉ SECTION

LA
PÊCHE DU CORAIL & DES ÉPONGES

(Rapport général du 5ᵉ arrondissement maritime)

Par Louis FAGE

Docteur ès sciences
Naturaliste du Service scientifique des pêches.

Au cinquième Congrès des pêches maritimes tenu à [...] l'année dernière, le docteur Bounhiol présenta [...] communication sur la pêche du corail en Algérie [...] les conclusions de ce travail se trouvent repro[...] de mesures fort judicieuses destinées à l'en[...] à la protection de cette industrie. Bien que [...] du corail n'ait pas actuellement, [...] notre littoral méditerranéen, ni en Corse, l'importance qu'elle a déjà [...] qu'elle peut acquérir sur les côtes nord de l'Afrique, [...] au [...] où les [...] industriels sollicitent du [...] de la Marine les autorisations nécessaires pour [...] pratique de cette pêche, il ne serait pas sans intérêt de débuter [...] dans une étude rapide, de quelle manière pourraient être favorisées [...] initiatives intéressantes [...]

(1914, 5, FAGE)

La pêche des éponges, généralement pratiquée dans les mêmes parages et par les mêmes équipages que la pêche du corail, profitera, on doit l'espérer, des facilités accordées à celle-ci. C'est pourquoi nous avons cru opportun d'exposer aussi, à la fin de cette étude, les données biologiques sur lesquelles devrait s'appuyer une réglementation vraiment rationnelle de cette pêche.

I. — Pêche du corail

Le corail ne vit et ne se développe que sur des fonds rocheux. Il lui faut un substratum solide sur lequel s'étalent ses racines et peuvent se fixer les jeunes larves à l'époque de la reproduction. Les fonds de cette nature se rencontrent sur notre côte métropolitaine de la Méditerranée, d'une part dans la région de Cerbère, Banyuls, Collioure, et d'autre part depuis Marseille jusqu'à la frontière italienne. On chercherait en vain du corail dans la région intermédiaire ; il ne s'accommode pas de la vase molle et des alluvions dont se compose en majeure partie le grand plateau continental du golfe du Lion.

Dans la partie voisine de l'Espagne la côte est rocheuse, découpée en petites baies par de nombreux caps à pic sur la mer. Ces rochers se continuent par une bande immergée, très anfractueuse, qui forme une bordure au plateau continental. La falaise elle-même se désagrège par endroit, des blocs s'en détachent et ces débris de toutes sortes, cimentés par quantité d'algues calcaires, d'éponges, de tubes d'annélides, forment des concrétions volumineuses qui recèlent une faune remarquablement riche. Ces dépôts, qui correspondent aux « fonds coralligènes » de Marion, constituent l'habitat de choix du corail. Au cap l'Abeille, au cap Béarn, ils sont surtout développés vers 33 à 40 mètres de profondeur, mais peuvent remonter jusqu'à 25 mètres environ, en suivant les irrégula tités de la roche dans les amas de sable et de gravier qui remplissent ses interstices.

Du côté de l'Italie, depuis le golfe de Marseille, les fonds coralligènes sont également fréquents, et forment une bordure littorale interrompue seulement çà et là par des plages de sable vaseux recouvert de prairies de zostères.

Ce faciès particulier est aussi largement répandu en Corse. Sur la côte orientale le fond consiste d'ordinaire en rochers dont les anfractuosités sont emplies de vase légèrement sableuse. Sur la côte occidentale les rochers sont souvent à nu. Les polypiers s'établissent sur les roes, sur les nodules de vase durcie ou sur les vieilles coquilles de mollusques qui s'y trouvent abandonnées.

On voit donc que le corail peut trouver sur une grande partie du littoral du cinquième arrondissement les conditions nécessaires à sa croissance et à sa multiplication. Sa pêche, en effet, y fut active pendant un temps. Les gisements célèbres du cap l'Abeille, du cap Couronne, du cap Sicié, de Saint-Tropez, ont donné lieu à des exploitations très rémunératrices. A Saint-Tropez notamment, qui a été fort bien étudié à ce sujet par M. Cablat lors de son passage au quartier d'Antibes, 680 bateaux italiens visitèrent les côtes du quartier de 1830 à 1882. Ces chiffres témoignent assez de la richesse des bancs de corail à cette époque. Peu à peu la pêche s'est ralentie pour s'éteindre presque complètement.

Dans quel état sont actuellement ces gisements ?

Pour répondre avec précision à cette question, une campagne d'exploration serait nécessaire. Il est possible, sans doute, que sur plusieurs points du littoral, notamment sur la côte rocheuse du Roussillon, où les fonds coralligènes sont d'assez faible étendue, les bancs de corail aient été tellement appauvris qu'ils ne puissent plus se régénérer. La destruction du corail a pu favoriser par places le développement de formes différentes de polypes, d'actinies, et autres zoophytes modestement représentés autrefois dans ces parages. J'ai montré, dans une étude récente (1), que des bancs d'huîtres qui s'étendaient autrefois presque sans interruption sur tout le pourtour du golfe du Lion il ne reste maintenant que de rares individus, véritables jalons témoins d'anciennes richesses. On pourrait également considérer les quelques branches de corail que l'on prend actuellement le long de nos côtes comme des survivants isolés attestant la présence de gisements aujourd'hui disparus.

Le fait que la pêche a été pour ainsi dire abandonnée depuis 1882 semble donner une certaine vraisemblance à cette interprétation.

Et cependant cet abandon des gisements trouve une explication qui n'implique pas du tout un épuisement des fonds. En effet, les pêcheurs qui opéraient sur des bancs coralliféres étaient presque exclusivement des Italiens de Gênes ou de Chiavari. Or, vers 1880 on découvrit dans les eaux siciliennes un gisement d'une extrême abondance qui attira tous les pêcheurs italiens. En même temps le corail moins recherché subit une baisse très sensible qui eut son influence sur la pêche. Puis, lorsque dans ces dernières années il revint en faveur, les pêcheurs étrangers se trouvèrent empêchés par la loi de 1888 de reprendre l'exploitation des eaux littorales françaises.

Il est plus raisonnable de supposer qu'après 25 ans de repos la plupart des bancs de corail ont non seulement retrouvé leur richesse primitive, mais se sont accrus dans de notables proportions. Cela doit être vrai surtout pour les parties de la côte où les fonds coralligènes sont largement représentés et offrent une grande surface, ce qui est le

---

(1) État actuel des principaux gisement d'huîtres sur la côte occidentale du golfe du Lion. *Bulletin de la marine marchande*, t. , p. 260.

notamment, sur le littoral des Maures et de l'Esterel, et sur la côte occidentale de la Corse. Cette opinion, qui est en accord avec tout ce que l'on sait sur la puissance de régénération de ce polype, se trouve également corroborée par le témoignage des pêcheurs qui recueillent accidentellement dans leurs filets des branches de corail de fort belle taille.

S'il est donc vrai qu'au sujet de l'importance actuelle de ces gisements nous sommes réduits à des hypothèses, parmi celles-ci la logique et aussi quelques faits d'observation locale nous incitent à choisir, comme la plus vraisemblable, celle qui conduit à supposer l'existence, dans toute une partie des eaux du 5ᵉ arrondissement, de bancs importants d'un corail de belle qualité.

Mais, dans de telles conditions, avec des renseignements aussi peu précis, des bases aussi incertaines, convient-il de proposer une réglementation spéciale de cette pêche ?

Je ne le crois pas et pour de multiples raisons.

Il est bon de faire remarquer tout d'abord que, le corail étant en reproduction pendant la plus grande partie de l'année, depuis le commencement d'avril jusqu'à septembre, il devient impossible de supprimer la pêche pendant cette longue période qui correspond précisément à la saison d'été, seule époque pendant laquelle elle peut être pratiquée avec quelque sécurité et quelque profit. La naissance des larves paraissant être plus active à la fin d'août et au commencement de septembre, tout au plus peut-on se demander si, à ce moment, il n'y aurait pas avantage à suspendre la pêche. Mais ce laps de temps serait bien court, comparé à la durée de la pêche qui s'exerce pendant toute la période d'ovulation. Ces quinze jours ou un mois de suspension n'auraient pas une efficacité bien grande sur la multiplication du corail.

De plus, la pêche du corail se fait suivant deux procédés, à l'aide du scaphandre et à l'aide de l'engin.

Le scaphandre permet de détacher avec soin le corail et de le choisir ; mais son champ d'action est très limité. Les scaphandriers ne peuvent explorer les fonds de plus de 40 mètres, et encore à de pareilles profondeurs, gênés par une pression considérable, ils ne sont point libres de leurs mouvements et ne peuvent faire un travail utile. Or, si dans les conditions les plus favorables le corail peut se rencontrer à 20 ou 30 mètres, on ne le trouve généralement en abondance que dans les fonds bien supérieurs, vers 100 et 200 mètres. Ainsi les gisements accessibles aux scaphandriers ne représentent qu'une infime partie des bancs exploitables.

C'est pourquoi, alors même que ce procédé devrait amener un épuisement partiel de ces régions de faible importance, je ne pense pas qu'il serait utile ni prudent d'en interdire l'emploi. Cet épuisement ne peut être, en effet, que momentané : la pêche s'arrêtera d'elle-même le jour où les produits de la récolte ne seraient plus suffisants pour assurer un bénéfice aux industriels qui en assumeraient la charge. Les réserves naturelles, constituées non seulement par les gisements des grands fonds, mais aussi par les rameaux nombreux qui se développent dans les endroits de la côte inaccessibles aux scaphandriers, dans les grottes sous-marines, à la voûte des rochers, suffiraient alors à repeupler rapidement les régions exploitées. On est en droit de compter sur une régularisation automatique de l'exploitation des bancs, se produisant par le seul jeu des forces naturelles.

Il est, de plus, une considération dont on ne peut méconnaître la valeur : l'interdiction de la pêche au scaphandre aboutirait actuellement à l'abandon complet de la pêche du corail sur nos côtes, puisque ce procédé est le seul employé.

Or la pêche du corail, est-il besoin de le dire, non seulement ne doit pas être entravée, mais mérite de sérieux encouragements. S'il est vrai, comme de fortes raisons nous le font

sont [illegible] et une grande richesse se trouvent à
proximité de notre littoral, il est triste de songer que ces longs
restent inexploités. Le moment paraîtrait mal choisi de se
montrer contraire à l'égard des nationaux qui tentent de
reprendre une pêche autrefois si productive, abandonnée
depuis plusieurs ans. Ces absurdes tentatives sont encore tentées
aujourd'hui [illegible]. Dans l'ignorance où ils se trouvent de la situation exacte de gisements plus abondants, ils sondent le terrain, se contentant d'explorer les régions accessibles au [illegible]
[illegible]. Peut-être, si les récoltes sont bonnes, ils trouvent
des débouchés faciles et, par suite, quelques encouragements voudront se lancer dans la grande pêche et faire renaître
une industrie dont les étrangers seuls avaient su jusqu'ici
tirer grand profit. Ce qu'il semble dans tous cas certain, c'est que
toute réglementation nouvelle de la pêche au scaphandre
annihilerait ces industries naissantes. [illegible]

Enfin, il ne semble pas opportun de réglementer actuellement la pêche à l'engin (croix des coralliours, lamberts, etc.)
Pratiquée inconnue de nos nationaux, elle est délaissée sur nos
côtes depuis dix ans environ. Elle constitue cependant le seul
procédé vraiment intéressant et digne d'une réglementation
spéciale, le seul en tout cas applicable dans les riches bancs
des exploitations [illegible]

Cette réglementation ne pourrait évidemment porter que
sur les engins ; il serait puéril de vouloir régler l'exploitation
de bancs dont l'existence n'est même pas démontrée. Or, si
la pêche redevenait prospère dans cette région, ce qui est à
souhaiter, il serait à craindre qu'après un aussi long temps
d'arrêt, les engins soient considérablement modifiés et ne
tombent plus sous le coup des décrets qui pourraient intervenir aujourd'hui.

Je me [illegible] donc de conclure qu'à l'heure actuelle une
réglementation quelconque de la pêche du corail dans nos eaux
[illegible]

plus inutile. Il importe avant tout de connaître les gisements, leur importance, leur situation aussi exacte que possible. Si pour cela le département de la Marine ne peut se décider à ordonner une campagne d'exploration qui serait longue et coûteuse, il a au moins le devoir de favoriser le plus possible la reprise de la pêche du corail, surtout de la pêche au large. Si les campagnes deviennent fructueuses, si les armements se font nombreux, il sera temps alors de légiférer.

Pour le moment, semble-t-il, le minimum qu'on puisse faire est d'accueillir favorablement les demandes de ceux qui voudraient pratiquer cette pêche sur les côtes de Corse et du V° arrondissement, soit à proximité du rivage à l'aide du scaphandre, soit au large à l'aide de l'engin. Peut-être aussi conviendrait-il, ainsi que le disait Lacaze-Duthiers dans sa remarquable étude sur le corail, d'examiner une proposition tendant à assurer le droit exclusif d'exploiter un banc nouveau à celui qui en aurait fait la découverte, et cela pendant un laps de temps à fixer d'accord avec la prud'homie, pendant par exemple 15 jours de pêche réelle, non compris la suspension pour cause de mauvais temps ou de force majeure, ou pendant une période encore plus longue suivant le plus ou moins de concurrence ; cette prérogative s'appliquant uniquement aux bancs situés au large, dans les parages échappant à l'action des scaphandriers. Il est permis d'espérer que les pêcheurs seraient attirés par l'obtention de cette sorte de monopole garantissant le fruit de leurs efforts et chercheraient plus volontiers des gisements nouveaux, s'ils étaient assurés que l'exploitation exclusive leur en fût acquise pendant un certain temps.

II. — Pêche des éponges

La récolte des éponges sur nos côtes ne peut être considérée que comme un accessoire de la pêche du corail. Peu abondantes et d'assez mauvaise qualité dans les eaux territoriales du V⁰ arrondissement, à aucun moment leur pêche n'a été prospère, et ne mérite d'attirer l'attention des pouvoirs publics. Cependant, dans certaines parties du littoral de la Corse, aux endroits où une couche épaisse d'argile recouverte par des vases et des sables favorise le développement des prairies de zostères, des éponges se trouvent assez nombreuses, fixées sur les rhizomes de ces plantes marines. C'est l'*Hippospongia equina*, petite éponge de forme irrégulière et de qualité inférieure qui affectionne surtout ce terrain. On la voit déjà à 2 ou 3 mètres de profondeur, et elle se trouve plus abondamment par des fonds de 12 à 25 mètres. Mais les zostères ne forment que rarement, sur les côtes de la Corse, une prairie vraiment continue ; d'habitude, elles se bornent à composer des touffes éparses de dimensions variables.

Les éponges sont aussi récoltées par les pêcheurs de corail dans la région occidentale de Bonifacio, non seulement sur les prairies de zostères qui se trouvent ici très morcelées, mais aussi sur les fonds coralligènes qui leur font suite. Malgré tout, ces gisements ne semblent pas pouvoir donner lieu à une exploitation sérieuse et exclusive.

Cependant il est possible que, si la pêche du corail reprend une activité nouvelle, les industriels ajoutent à leurs bénéfices les petits profits qu'ils pourraient retirer de la vente de ces zoophytes (1). Une réglementation devrait alors intervenir, qu'on pourrait rendre très efficace en fixant à la fois la durée de la campagne de pêche, la taille minima des individus livrables au commerce, et la nature des engins à employer.

1. — *Durée de la pêche.* — Tandis qu'il est impossible, ainsi que je l'ai dit plus haut, de limiter la période de pêche

(1) Il est significatif, à cet égard, de voir le rendement de la pêche des éponges régulièrement inscrit sur la statistique des pêches depuis 1909. Le produit de cette pêche qui, en 1909, était évalué à 57.560 francs, s'élevait déjà, en 1911, à 120.000 francs.

du corail dont la reproduction se prolonge pendant la plus grande partie de l'année, il est très facile de réglementer à ce point de vue la récolte des éponges en se basant sur leur période de ponte.

Les éponges, en effet, se reproduisent à époque fixe et pendant un laps de temps assez court. L'*Hippospongia equina*, qui nous intéresse plus particulièrement, émet ses larves de mars à juin. Bien que des variations annuelles, qui ne dépassent pas en moyenne deux semaines, puissent se produire suivant la rigueur ou la clémence de l'hiver, on comprend combien serait efficace, sur sa multiplication, une suspension de la pêche pendant la période qui vient d'être indiquée.

2. — *Taille minima*. — Les expériences sur la rapidité de croissance des éponges fournissent aussi des indications qui peuvent utilement être mises à profit. L'éponge venue naturellement par larve croît très rapidement pendant les six premiers mois de sa vie ; pendant l'hiver le développement se ralentit, mais, au bout de deux ans, elle atteint son développement commercial minimum avec une taille voisine de 36 centimètres de circonférence ; la croissance devient ensuite beaucoup plus lente, la reproduction peut s'opérer à la fin de la première année.

De cela il résulte qu'il conviendrait, d'une part, d'interdire la pêche et la vente des éponges d'un diamètre inférieur à 5 centimètres, qui sont des éponges d'un an ayant déjà émis leurs larves, et qu'il serait, d'autre part, inutile de laisser les fonds spongifères inexploités pendant une période supérieure à deux ans.

3. — *Nature des engins à employer*. — Parmi les procédés en usage pour la récolte des éponges pouvant s'exercer librement et pour lesquels aucune mesure restrictive ne s'impose pendant la période de pêche se trouvent la plongée, le scaphandre, le trident ou la foëne. Il n'en est pas de même de la

« gangava » qui offre le grave inconvénient de faire place nette partout où elle passe et d'arracher indistinctement tout ce qu'elle rencontre. Les jeunes éponges sont donc sacrifiées sans profit pour personne ; aussi ce genre de pêche ne devrait-il être autorisé que là où les autres engins ne peuvent être employés. J'estime même qu'étant donnée la puissance destructive de cet engin ou de tout autre similaire, il y aurait lieu de n'en autoriser l'emploi que de la fin de juin au commencement de septembre. A cette époque, les éponges ont émis leurs larves, et celles-ci, n'étant pas encore fixées, échapperaient à l'action de tout art traînant. Ainsi se trouverait sauvegardée la récolte de l'année suivante.

Telle est, je crois, la manière dont il convient d'envisager à l'heure actuelle la pratique de la pêche du corail et des éponges dans nos eaux métropolitaines. Il est surtout essentiel de ne point perdre de vue que le but à atteindre est bien plutôt de faire naître des initiatives nouvelles que d'édicter des règlements stricts qui risqueraient de décourager les bonnes volontés.

Orléans. — Imp. Aug. Gout et Cⁱᵉ

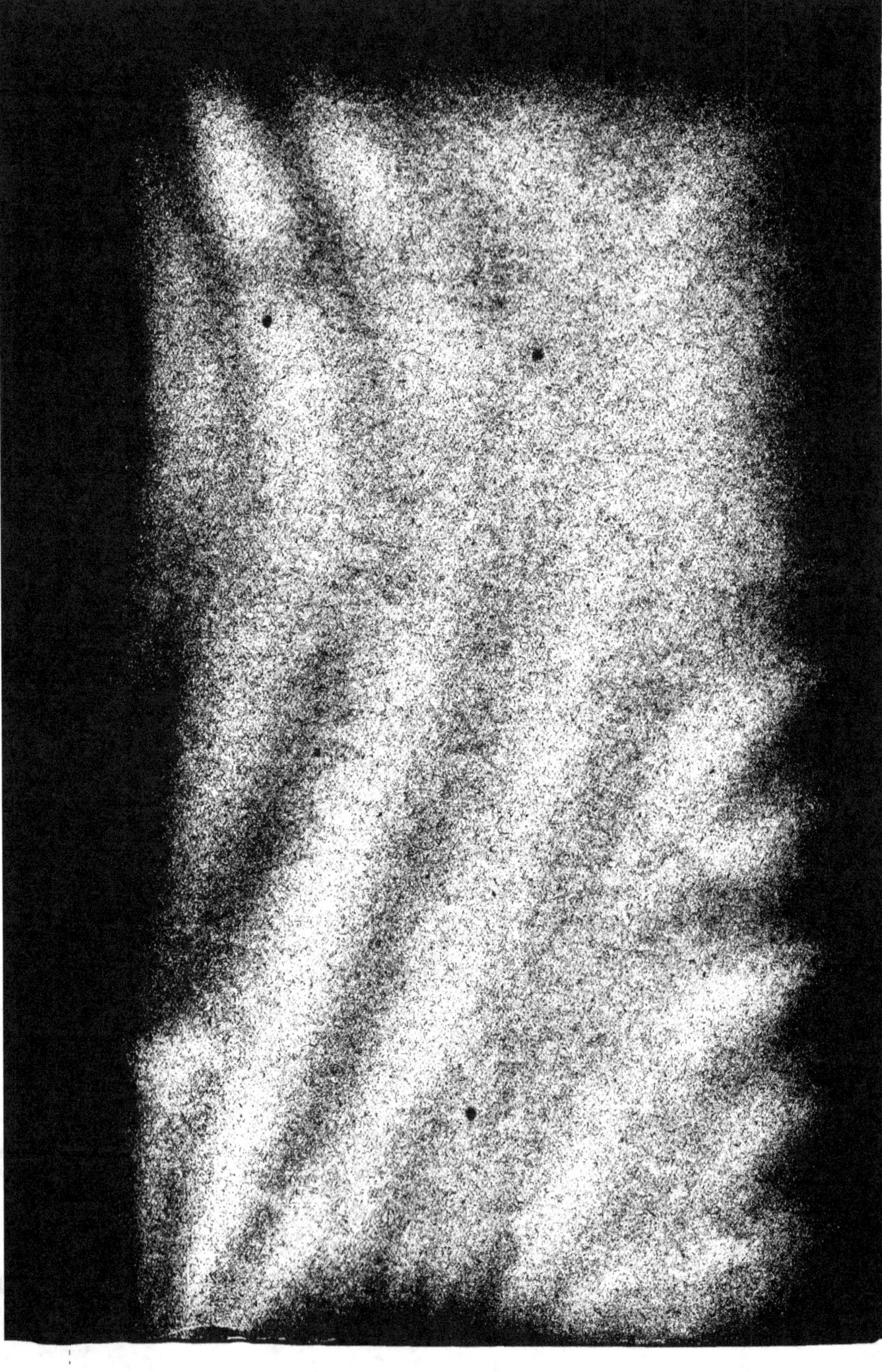